电力安全教育可视化手册

危险化学品作业

浙江浙能电力股份有限公司　组编

中国电力出版社
CHINA ELECTRIC POWER PRESS

内 容 提 要

　　生命至上，安全第一。安全生产由无数细节组成，本丛书针对电厂日常生产过程中检修维护及零星工程施工所涉及的高风险作业以及工器具的使用，通过图片和文字注释方式，系统展示了作业过程中安全工作规范和基本知识要点，力求达到身临其境的"可视化"效果。

　　本分册主要介绍一般危险化学品作业安全，危险化学品取样化验作业安全，制氢站作业安全及防护设施，氨区作业安全及防护设施。

　　本书可供电力工程建设人员及电厂各级安全生产岗位人员培训和学习使用。

图书在版编目（CIP）数据

　　电力安全教育可视化手册. 危险化学品作业 / 浙江浙能电力股份有限公司组编 . ― 北京：中国电力出版社，2019.12

　　ISBN 978-7-5198-3202-5

　　Ⅰ . ①电… 　Ⅱ . ①浙… 　Ⅲ . ①电力工业－安全生产－安全教育－手册 ②化工产品－危险物品管理－安全教育－手册 　Ⅳ . ① TM08-62

　　中国版本图书馆 CIP 数据核字（2019）第 256435 号

出版发行：中国电力出版社
地　　址：北京市东城区北京站西街 19 号（邮政编码 100005）
网　　址：http://www.cepp.sgcc.com.cn
责任编辑：莫冰莹（010-63412526）
责任校对：王小鹏
装帧设计：张俊霞
责任印制：杨晓东

印　　刷：北京瑞禾彩色印刷有限公司
版　　次：2019 年 12 月第一版
印　　次：2019 年 12 月北京第一次印刷
开　　本：880 毫米 ×1230 毫米 32 开本
印　　张：1.875
字　　数：35 千字
印　　数：00001―13000 册
定　　价：24.00 元

编委会

前　言

　　习近平总书记在党的十九大报告中指出，要树立安全发展理念，弘扬生命至上、安全第一的思想，健全公共安全体系，完善安全生产责任制，坚决遏制重特大安全事故，提升防灾减灾救灾能力。安全是企业生存和发展的基础，更是保障员工幸福的根本，必须把安全始终置于工作首位，不断强化红线意识和底线思维，提高企业本质安全水平，这是安全生产的初心和使命。

　　做好安全生产，教育先行，安全教育不忘初心就要切实让教育起到效果，让安全深入人心。本丛书针对电力企业日常生产过程中检修维护及零星工程施工所涉及的高风险作业以及工器具的使用，系统展示了作业过程中安全工作规范和基本知识要点，书中以工程现场实际图片为主体，并加以文字注释，通过图文结合的可视化方式，对工程施工现场作业安全合规与不合规的正反两方面分别进行解读，使安全标准化作业直观易懂，能给阅读者留下深刻印象，是安全管理人员、工程施工人员掌握安全生产相关标准、规范的得力工具。

本丛书共分八个分册，包括：扣件式钢管脚手架作业、高处作业、施工用电、电焊与气焊作业、起重作业、有限空间作业、常用电动工具使用和危险化学品作业。本丛书可供电力工程建设人员及电厂各级安全生产岗位人员培训和学习使用。

本书不足之处，敬请批评指正。

编者

2019 年 12 月

编写说明

　　为了规范危险化学品取样、化验、储存、出入库等作业及现场安全设施，特制定本手册。本手册内容主要适用于危险化学品作业安全及防护设施的管理。

　　本手册主要依据 GB 26164.1—2010《电业安全工作规程　第 1 部分：热力和机械》第 9.7 条液氨法烟气脱硝系统运行与检修、第 12 条化学工作、第 13 条氢冷设备和制氢、储氢装置的运行与维护进行编制，同时也参考了浙江省能源集团有限公司《危化品管理检查表》及淮浙煤电凤台发电分公司《危险化学品管理标准》等。

目 录

前言
编写说明

一　一般危险化学品作业安全

　　危险化学品是指具有毒害、腐蚀、爆炸、燃烧、助燃等性质，对人体、设施、环境具有危害的剧毒化学品和其他化学品。

1 化学药品罐车熄火并停在指定位置，罐车前后放置"危化品，请勿靠近"警示牌。化学运行监护人员现场对厂家及卸药监护人员进行安全交底，并在安全技术交底单签字，一式两份。

车辆前后放置"危化品，
请勿靠近"警示牌

运行监护人员　　厂家及卸药监护人员

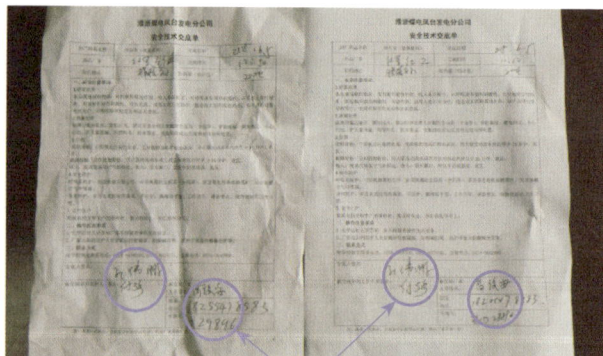

交底单签字，一式两份

❷ 搬运盛装浓酸或浓碱溶液的容器时，应将容器固定，严禁溶液溅出和损坏容器，容器应由 2 人搬运，不应由一人单独搬运。用车子或抬箱搬运时，必须将容器稳固地放在车上或抬箱中，或加以捆绑。严禁用肩扛、背驮或抱住的方法搬运盛装浓酸或浓碱溶液的容器。搬运容器的道路应畅通，并在必要地点装设水源和急救用品。

做好防护措施

由两人搬运

禁止一人搬运，
禁止用肩扛、抱
住的方法搬运

用绳子固定
在车子上

危化品容器敞
口，并且未加
绳索固定

3 地下或半地下的酸碱罐的顶部不应站人。酸碱罐周围应设不低于 15cm 的围堰及不低于 100cm 的围栏。酸碱罐周围应悬挂明显的安全警示标志。

酸碱罐顶部不应站人

氢氧化钠
安全技术说明

酸碱区安全
操作规程

酸碱区安全
警示标志

盐酸安全技
术说明

4 进行酸碱系统检修工作时，工作人员应穿防酸碱工作服、胶鞋，戴橡胶手套、防护眼镜、呼吸器等必要安全劳动保护用品。

安全帽　　　　安全面罩　　　　防酸碱服

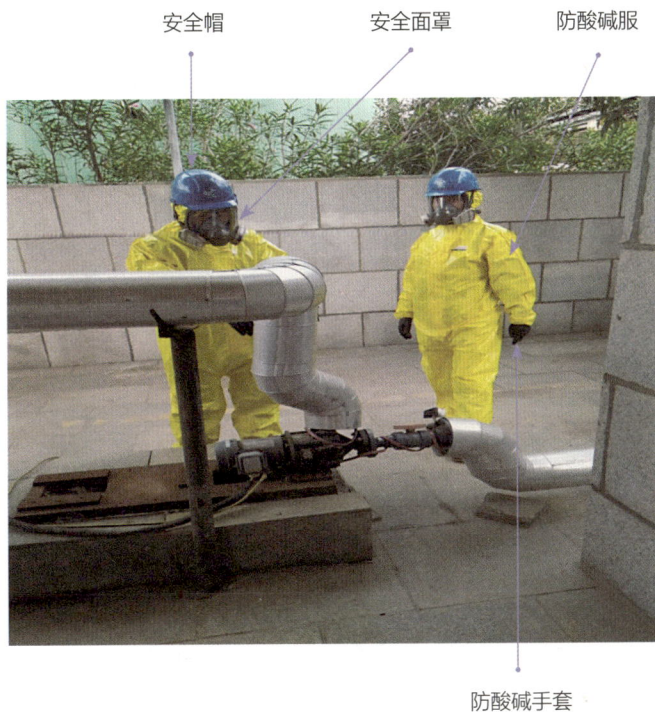

防酸碱手套

⑤ 使用和装卸生石灰、菱苦土、凝聚剂及漂白粉等水处理药品的工作人员，应熟悉这些药品的特性和操作方法。工作时应穿工作服，戴防护眼镜、口罩、手套，穿橡胶靴。在露天装卸这些药品时，应站在上风处，防止吸入飞扬的药品粉末。使用和装卸药品产生的杂物必须及时清理。

配药操作人员防护用品佩戴齐全

安全帽

防护面罩

防护服

橡胶手套

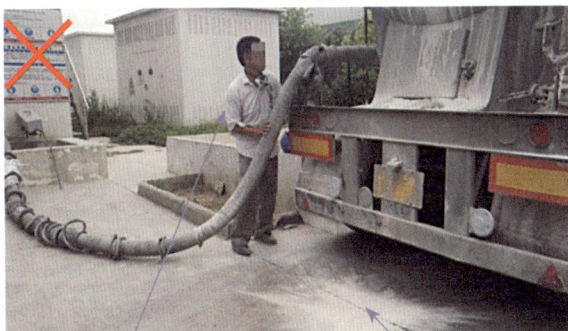

未穿戴防护用品　　　　　　　药品散落地面

临护人员认真监护　　　　厂家人员穿戴防护
　　　　　　　　　　　　用品，连接管道

车辆前后放置危险
化学品警示装置

二　危险化学品取样化验作业安全

现场使用的危险化学品主要有液氨、氢气、硫酸、盐酸、次氯酸钠、亚硫酸氢钠、氢氧化钠、乙炔，压缩或液化的二氧化碳、氧、氮等。

❶ 当危化品罐车入厂时，保卫人员应首先检查危险品运输许可证、身份证、驾驶证、押运证等证件是否齐全。

危险品运输许可证　　身份证

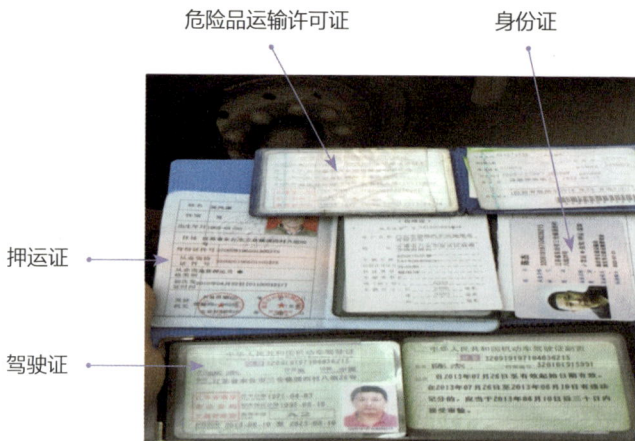

押运证

驾驶证

2 检查罐车药品的合格证。

药品出厂
报告

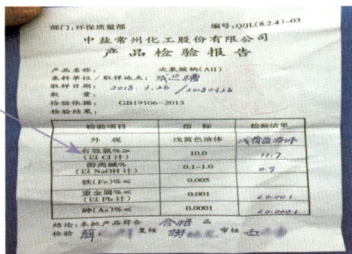

3 物资部门、运行部门、供货商取样人员三方分别签署药品取样单，一式两份，一份由运行部门保管，另一份由供货商取样人员保管。

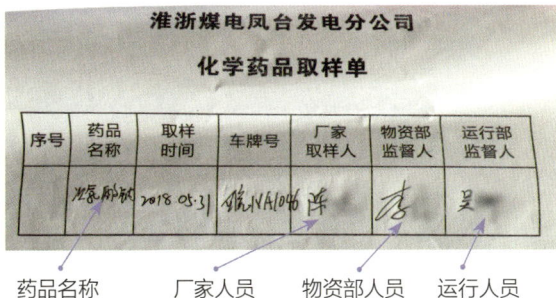

药品名称　　厂家人员　　物资部人员　　运行人员

4 供货商取样人员应该穿戴好防护服和防护面具，在运行部门、物资部门人员的监护下从罐车不同位置取样。

物资部门与运行部门人员监督取样

车顶取样系安全带

取样时穿戴防护服、防护面具

装运介质:氢氯酸
罐体容积:30立方

未穿戴防护用品、
未系安全带

5 化验人员应穿专用实验服和戴耐酸碱手套进行操作，浓酸碱或挥发性液体的操作必须在通风橱内进行。

在通风橱内进行
移液操作

6 严禁用口尝和正对瓶口用鼻嗅的方法鉴别性质不明的药品，应用手在容器上方轻轻扇动，在稍远的地方嗅发散出来的气味。

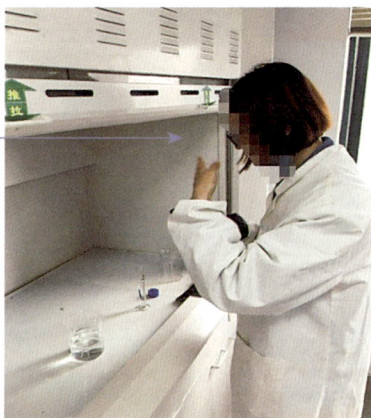

用手轻微扇动嗅散发出来的气味

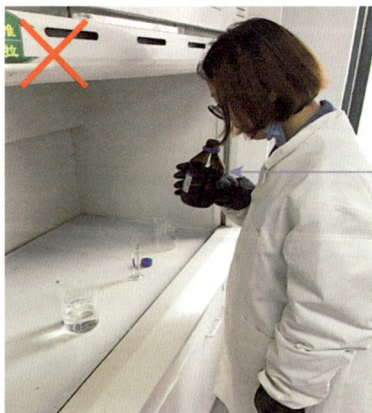

禁止用口鼻直接嗅药品气味

7 化验人员应熟知化学药品的化学物理特性，必须采用滴管或移液管吸取，严禁使用其他任何方法取样。

用移液管移取
不明液体

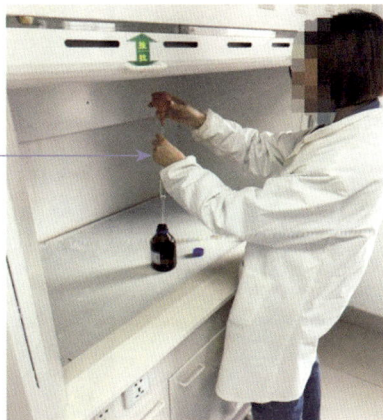

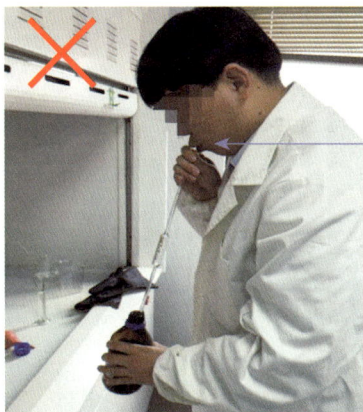

禁止用嘴吸不
明液体

8 加热危化品溶液必须在通风橱内进行，防止有毒有害气体发散外溢。

在通风橱内
加热液体

不宜在试验
台加热液体

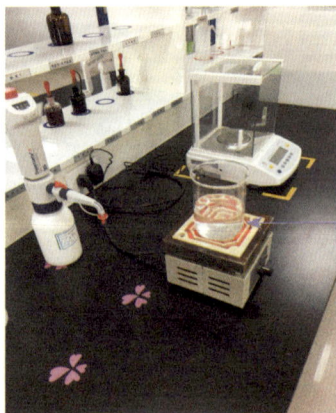

9 用烧杯加热液体时，液体的高度不应超过烧杯的 2/3。

液体不超过烧
杯高度 **2/3**

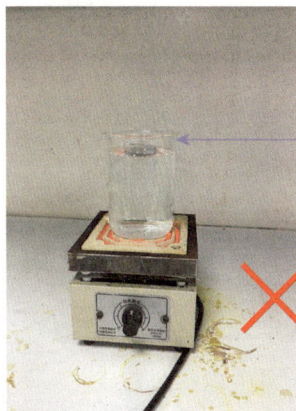

液体已超过烧
杯高度 **2/3**

⑩ 配制稀酸碱溶液时，严禁将水倒入酸碱内，应将浓酸碱缓慢地沿着器壁注入水中，并不断进行搅拌，使溶液产生的热量迅速扩散。

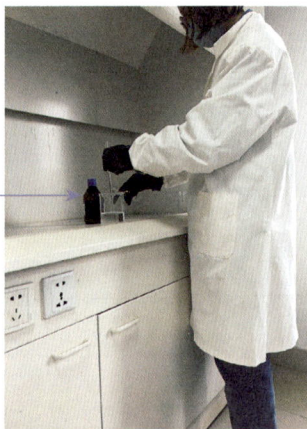

浓酸碱缓慢地沿着器壁倒入水中

稀释时将水倒入浓酸碱中

11 凡有毒性、易燃、易爆的药品不准放在化验室的架子上，应储放在隔离的房间和保险柜内。

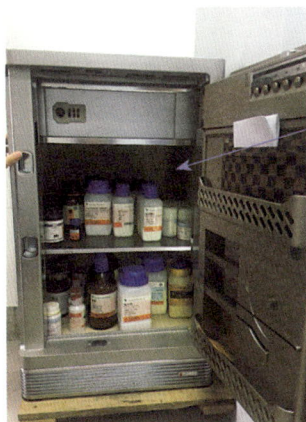

有毒、易燃、易爆的
药品存于保险柜

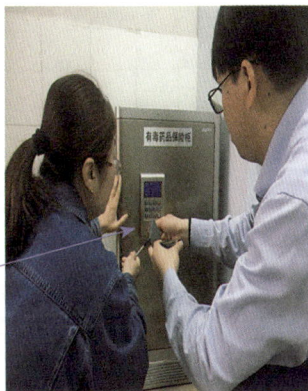

双人、双锁保管

12 存放有毒性、易燃、易爆药品的保险柜应用两把锁，钥匙分别由 2 人保管。

三 制氢站作业安全及防护设施

氢气属易燃气体，无色无臭，与空气混合能形成爆炸性混合物，遇热或明火即会发生爆炸，爆炸极限为 4.1%~74.1%（体积浓度）。氢气比空气轻，在室内使用和储存时，漏气上升滞留屋顶不易排出，遇火星会引起爆炸。氢气与氟、氯、溴等卤毒会产生剧烈反应。

1 制氢站、发电机氢系统和其他装有氢气的设备附近，必须严禁烟火，严禁放置易爆易燃物品，并应设"严禁烟火"的警示牌。在制氢站、发电机的附近，应备有必要的消防设备。制氢站周围应设有不低于 2m 的围墙。

制氢站围墙
高度不低于 2m

氢气安全
技术说明

制氢站出入
管理规定

安全警示牌

制氢站内配
备消防设施

2 禁止与工作无关的人员进入制氢室和氢罐区。因工作需要进入
制氢站的人员应实行登记准入制度,所有进入制氢站的人员应
关闭移动通信工具,严禁携带火种,禁止穿带铁钉的鞋。进入
制氢站前应先消除静电。

进入制氢站,应触
摸金属杆,释放人
体静电

出入制氢
站应登记

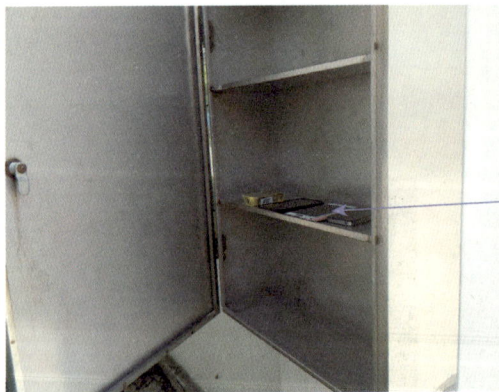

进入制氢站，
火种和通信工
具应放进火种
箱里

3 禁止在制氢室、储氢罐、氢冷发电机以及氢气管路近旁进行明火作业或做能产生火花的工作。如必须在上述地点进行焊接或点火的工作，应事先经过氢气含量测定，证实工作区域内空气中含氢量小于 3%，并经主管生产的领导批准办理动火工作票后方可工作。工作中应至少每 4 h 对空气中的含氢量进行测定，符合标准方可安全作业。

制氢站内动火作业，必须办理一级动火工作票

④ 在发电机内充有氢气时或在电解装置上进行检修工作，应使用铜制的工具，以防产生火花；必须使用钢制工具时，应涂上黄油。不准用手碰触电解槽，禁止用两只手分别接触到两个相同的电极上。

制氢站内应使用
铜制的工具

禁止用手触摸运
行的电解槽

5 制氢室应设漏氢检测装置，屋顶应有经常处于开启状态的透气窗。并采用木制门窗，门需向外开。室外还应装防雷装置，防雷接地装置每年进行一次检测，接地电阻应满足要求。

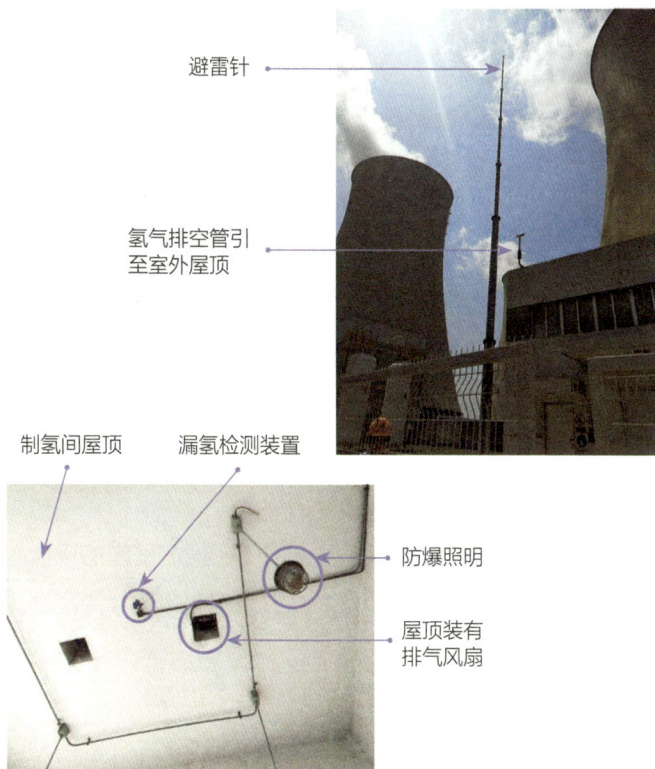

避雷针

氢气排空管引
至室外屋顶

制氢间屋顶　　漏氢检测装置

防爆照明

屋顶装有
排气风扇

采用木质门或塑料门，
防止金属门产生火花，
门向外开

气瓶应直立并
固定在支架上

防爆空调

⑥ 气瓶应直立地固定在支架上，不应受热，应避免直接受日光照射。制氢站的配电间、控制操作间电气、通信设施的设计应符合 GB 50058—2014《爆炸和火灾危险环境电力装置设计规范》的规定。

7 制氢和供氢的管道、阀门或其他设备发生冻结时，应用蒸汽或热水解冻，禁止用火烤。为了检查各连接处有无漏氢的情况，可用仪器或肥皂水进行检查，禁止用火检查。

用肥皂水检查漏点

8 制氢室中应备有橡胶手套和防护眼镜，以供与碱液有关的工作时使用；还应备有稀硼酸溶液，以中和溅到眼睛或皮肤上的碱液。

稀硼酸　　　　　防护眼镜　　　　防酸碱手套

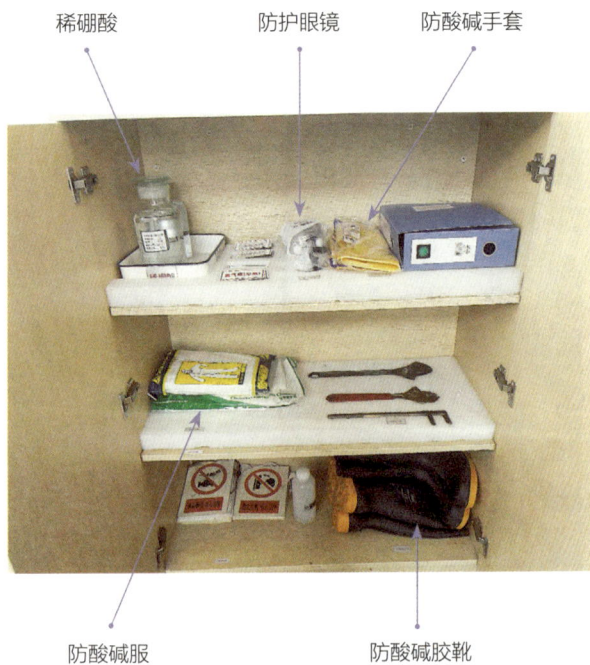

防酸碱服　　　　　　　　　　防酸碱胶靴

四 氨区作业安全及防护设施

　　氨为无色有刺激性恶臭的易燃低毒气体，与空气混合能形成爆炸性混合物，遇明火、高热能引起燃烧爆炸，爆炸极限为15.7%~27.4%（体积浓度）。低浓度氨对黏膜有刺激作用，高浓度可造成组织溶解性坏死，引起化学性肺炎及灼伤。如氨溅入眼内，可导致晶体浑浊、角膜穿孔，甚至失明。

1 汽车押运员只负责车上软管的连接，不准操作卸氨站台的其他设备、阀门和其他部件，氨区卸车人员负责管道的连接和阀门开关操作，并接好地线。

搭接地线的位置为氨车的接地板，起到接地防静电效果

搭接地线的位置为
非金属部件，起不
到接地作用

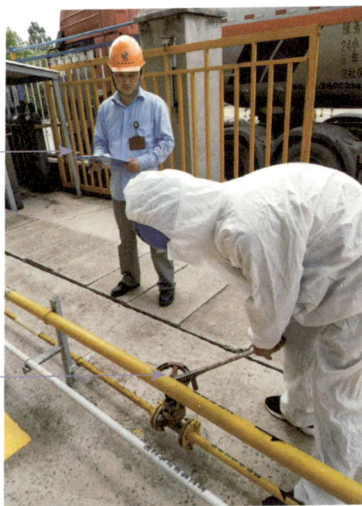

监护人员
认真监护

卸氨人员按卸氨
操作票正确操作

厂家人员私自操作卸氨站台上的阀门

2 氨车车辆到厂后，由保卫人员负责检查液化气体罐车使用证、危险品运输许可证、汽车罐车准驾证、驾驶证、押运证、汽车罐车定期检验报告复印件、液氨出厂化验单等有关证件是否齐全、合格，不合格者拒绝充装。

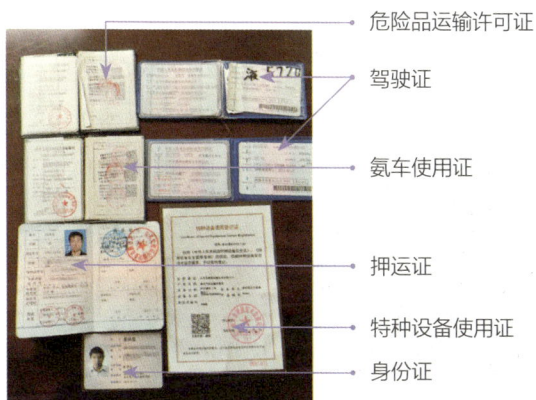

危险品运输许可证

驾驶证

氨车使用证

押运证

特种设备使用证

身份证

3 液氨卸料时，押运员、卸氨监护员不得擅自离开操作岗位，押运员必须离开驾驶位置。

卸氨时，厂家人员在现场检查

监护人员认真监护卸氨

卸氨时，押运人员、监护人员不应离开现场

卸氨时，押运人员不应在驾驶室

4 严禁在运行中的氨管道、容器外壁进行焊接、气割等工作。氨区 30m 以内有明火、易燃、有毒介质泄漏及其他不安全因素时，禁止进行装卸料工作。

卸氨时附近有明火作业

严禁在运行中的氨管道、容器外壁进行焊接、气割等工作

⑤ 严禁在生产装置区，卸车站台清洗车辆，也不应该随意使用装置区内的消防水、生产用水冲洗车辆。

不应随意使用氨区
消防水冲洗车辆

6 从事氨区运行操作工作和检修工作人员，必须具备危险化学品安全作业证。

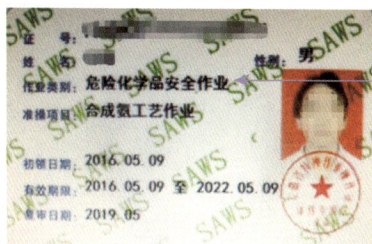

危险化学品特种
作业操作证

7 氨区内，应用铜制工具操作，严禁使用铁质、钢制工具进行操作，以防出现火花。

氨区内严禁使用
钢制工具操作

8 氨区应设置必要数量的风向标，风向标周围不允许有建筑物遮挡，要求 360° 可见。

氨区周围共有三个风向标

9 氨区应设置避雷保护装置及防静电感应措施，储罐及氨管道系统应可靠接地。防雷、防静电设施应经气象主管部门验收。

氨区内
避雷针

氨罐
接地线

⑩ 氨区电气设备防爆设施完整、电缆敷设管道接头部位跨接线完整。

氨区管道法
兰跨接线

氨区电源柜
为防爆型

11 氨区大门入口处应设置静电释放装置，装置地面以上部分高度宜为 1.0m，底座应与氨区接地网干线可靠连接。

氨区进门静电
释放装置

接地

12 氨区入口应设置明显的职业危害告知牌和安全标志标识。职业危害告知牌应注明氨物理和化学特性、危害防护、处置措施、报警电话等内容。氨区应设置两个及以上对角或对向布置的安全出口。安全出口门应向外开。

重大危险源
标识牌

职业危害告知牌、
安全标志牌

源长公示牌

氨区逃生标识

氨区安全出口
共有 **4** 处

氨区防爆型
报警电话

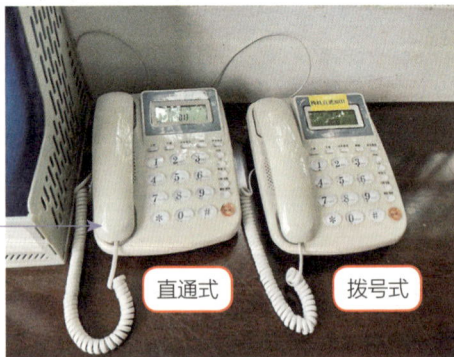

氨区应急
报警电话

直通式

拨号式

⓭ 氨区应设置洗眼器等冲洗装置，水源宜采用生活水，防护半径不大于 15m。洗眼器应定期放水冲洗管路，应有防冻措施。

氨区喷淋装置

氨中和用 2% 稀硼酸及使用说明

氨区洗眼器防冻装置

⓮ 氨区应设置能覆盖生产区的视频监视系统，视频监视系统信号应传输到控制室。

氨区泄漏
报警装置

氨区共有 **6** 台监控装
置，覆盖整个氨区

15 氨区应设置事故报警系统和氨气泄漏检测装置。氨气泄漏检测装置应覆盖生产区并具有远传、就地报警功能。

16 氨区应设置用于消防灭火和液氨泄漏稀释吸收的消防喷淋系统。应满足消防喷淋强度要求，喷淋管应环形布置，喷头应采用实心锥形开式喷嘴。

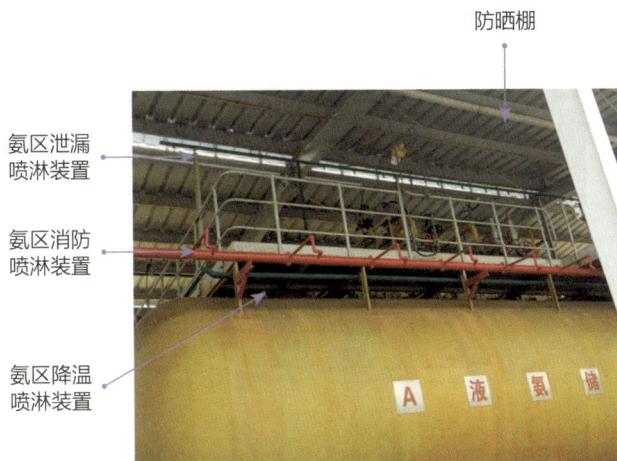

防晒棚

氨区泄漏喷淋装置

氨区消防喷淋装置

氨区降温喷淋装置

A 液 氨 罐

　　储罐区应设置遮阳棚等防晒措施，每个罐区应单独设置用于罐体表面温度冷却的降温喷淋系统。

　　氨区应设置消防水炮，消防水炮应采用直流和喷雾两用的形式，应能够上下、左右调节，位置和数量配置应覆盖氨区所有可能的泄漏点。

氨区消防水炮

17 检修维护作业应严格执行工作票制度，在采取可靠隔离措施并充分置换后许可作业，禁止出现带压修理和带压紧固法兰等情况，氨系统检修后应进行严密性试验。

不准带压修理和紧固法兰

18 氨系统发生泄漏时应使用便携式氨气监测仪或肥皂水查漏。

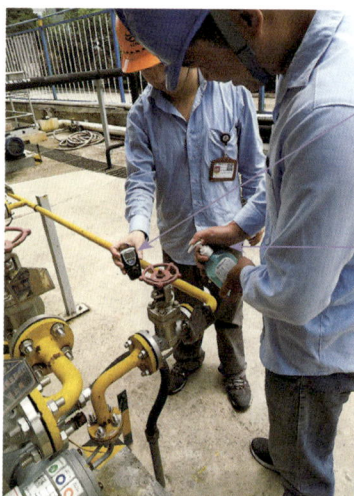

使用测爆仪查漏

肥皂水查漏

19 储罐应设置防火堤，其有效容积应不小于储罐组内最大储罐的容量，并在不同方位上设置不少于 2 处越堤人行踏步或坡道。

氨区防火堤，
设有两处台阶

20 氨区应急物资间须备好防化服、防护手套、护目眼镜、具有氨
气过滤功能的口罩或防毒面具、正压式呼吸器、防酸碱橡胶雨
靴、应急灯、稀硼酸。

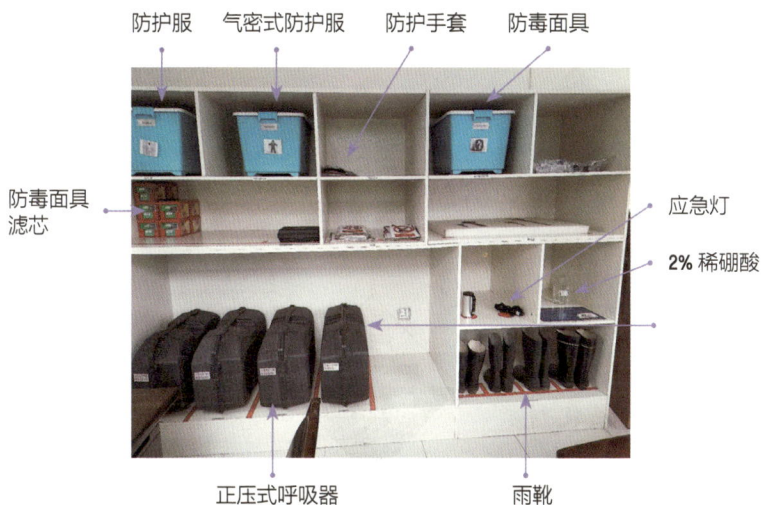

防护服　气密式防护服　防护手套　防毒面具

防毒面具
滤芯

应急灯

2% 稀硼酸

正压式呼吸器　　　雨靴

电力安全教育可视化手册

《扣件式钢管脚手架作业》　　《高处作业》

《施工用电》　　　　　　　　《电焊与气焊作业》

《起重作业》　　　　　　　　《有限空间作业》

《常用电动工具使用》　　　　《危险化学品作业》